BEI GRIN MACHT SICH IHR WISSEN BEZAHLT

- Wir veröffentlichen Ihre Hausarbeit,
  Bachelor- und Masterarbeit

- Ihr eigenes eBook und Buch -
  weltweit in allen wichtigen Shops

- Verdienen Sie an jedem Verkauf

Jetzt bei www.GRIN.com hochladen
und kostenlos publizieren

Thomas Lekscha

Erarbeitung eines Vorlesungskonzeptes für den Hochschulbereich zur Ausbildung von Medizintechnikingenieuren

Aktualisierte Fassung 2012

GRIN Verlag

Bibliografische Information der Deutschen Nationalbibliothek:

Die Deutsche Bibliothek verzeichnet diese Publikation in der Deutschen National-
bibliografie; detaillierte bibliografische Daten sind im Internet über http://dnb.d-
nb.de/ abrufbar.

Impressum:

Copyright © 2012 GRIN Verlag, Open Publishing GmbH
Druck und Bindung: Books on Demand GmbH, Norderstedt Germany
ISBN: 978-3-640-74801-3

Dieses Buch bei GRIN:

http://www.grin.com/de/e-book/158739/erarbeitung-eines-vorlesungskonzeptes-
fuer-den-hochschulbereich-zur-ausbildung

Vorlesungskonzept für den Fachhochschulbereich
zur Ausbildung von angehenden Medizintechnikern

Vorlesungsschwerpunkt
„Sicherheit in der Medizintechnik"

2012

Thomas Lekscha

GLIEDERUNG

Einleitung

Dieses Unterweisungskonzept soll zur Erarbeitung von Vorlesungsinhalten - speziell zur Ausbildung von Medizintechnikern - im Rahmen eines Ingenieur- oder Bachelorstudiums an Fachhochschulen dienen.

Es sollen grundlegende Aspekte zum Inhalt einer Vorlesung mit dem Schwerpunkt „Sicherheit in der Medizintechnik" angesprochen und dargestellt werden. In diesem Unterweisungskonzept sollen Hinweise und Verfahrensanweisungen zur Erstellung einer Vorlesung bzw. eines Vorlesungsscripts gegeben werden.

Sicherheit in der Medizintechnik

Die Sicherheit in der Medizintechnik befasst sich mit einer Vielzahl von angrenzenden Fachgebieten. Zur Sicherheit in der Medizintechnik gehören unter anderem die elektrische Sicherheit, die mechanische Sicherheit aber auch die chemische bzw. hygienische Sicherheit an und von medizintechnischen Apparaten bzw. medizintechnischen Einrichtungen.

In dem vorliegendem Unterweisungskonzept wird speziell auf die elektrische Sicherheit von medizintechnischen Apparaten bzw. medizintechnischen Einrichtungen eingegangen. Der Aspekt der mechanischen Sicherheit kann und sollte in weiteren Vorlesungsveranstaltungen wie „Werkstoffkunde" oder „Kunststoffe in der Medizin" angesprochen und erarbeitet werden.

Der Aspekt der chemischen bzw. hygienischen Sicherheit kann und sollte in Vorlesungsveranstaltungen wie „Mikrobiologie" und „Chemie" besprochen und erarbeitet werden.

Die Sicherheit in der Medizintechnik ist für angehende Medizintechniker (Dipl.-Ing. oder Bachelor) ein wesentlicher Bestandteil ihres Studiums und sollte didaktisch in einer speziell ausgerichteten Vorlesung vermittelt werden.

Parallel zur Vorlesung sollten Labortermine stattfinden, in denen die theoretisch erlangten Kenntnisse am medizintechnischen Gerät vertieft werden können.

Vorlesungsziel

In der Vorlesung „Sicherheit in der Medizintechnik" sollten nachfolgend beschriebene Vorlesungsziele angestrebt und vermittelt werden. Die Lehrveranstaltung soll dem angehenden Medizintechniker den verantwortlichen Umgang mit medizintechnischen Geräten bzw. Einrichtungen vermitteln. Dabei sollen Themen aus den Bereichen der besonderen Anforderungen an die Entwicklung und Konstruktion von medizintechnischen Apparaten besprochen werden. Dem angehenden Medizintechniker sollen die besonderen Gefahren, die vom medizintechnischen Gerät ausgehen können, und deren Vermeidungen an und mit praktischen Beispielen vermittelt werden.

Der Umgang mit den gesetzlichen Grundlagen und fachspiezifischen Verordnungen und Normen sollen dem angehenden Medizintechniker an Fallbeispielen und praktischen Vorfällen erläutert werden.

Nach dem erfolgreichen Besuch der Vorlesungsreihe „Sicherheit in der Medizintechnik" sollen die Studierenden in der Lage sein, praxisbezogene Beispiele mit und an medizintechnischen Apparaten bewerten, und Lösungsansätze zur Vermeidung von sicherheitsrelevanten Fehlerquellen entwickeln zu können.

Wesentliche gesetzliche Vorschriften

Da die Sicherheit in der Medizintechnik viele angrenzende Fachgebiete streift, sollen (und können) in der Vorlesung nur die grundlegenden gesetzlichen Vorschriften und Verordnungen bzw. Normen angesprochen werden. Die wesentlichen gesetzlichen Grundlagen, im täglichen Umgang mit medizintechnischen Apparaten, sind folgende:

- Das Medizinproduktegesetz (MPG) [1]

  Aktuelle Fassung vom 23. Mai 2002 (BGBl. I S. 1678).

  Zweck dieses Gesetzes ist es, den Verkehr mit Medizinprodukten zu regeln und dadurch für die Sicherheit, Eignung und Leistung der Medizinprodukte sowie die Gesundheit und den erforderlichen Schutz der Patienten, Anwender und Dritter zu sorgen.

- Die Medizinprodukte- Betreiberverordnung (MPBetreibV) [2]

  Aktuelle Fassung vom 31. Oktober 2006 (BGBl. I S. 2407).

  Diese Verordnung gilt für das Errichten, Betreiben, Anwenden und Instandhalten von Medizinprodukten nach § 3 des Medizinprodukte- gesetzes mit Ausnahme der Medizinprodukte zur klinischen Prüfung oder zur Leistungsbewertungsprüfung.

- DIN EN 60601-1-2; VDE 0750-1-2: 2007-12 [3]

  Medizinische elektrische Geräte - Teil 1-2: Allgemeine Festlegungen für die Sicherheit einschließlich der wesentlichen Leistungsmerkmale - Ergänzungsnorm: Elektromagnetische Verträglichkeit - Anforderungen und Prüfungen (IEC 60601-1-2:2007, modifiziert); Deutsche Fassung EN 60601-1-2:2007

- DIN EN 62353; VDE 0751-1: 2008-08 [4]

  Medizinische elektrische Geräte - Wiederholungsprüfung und Prüfung nach der Instandsetzung von medizinischen elektrischen Geräten (IE 62A/504/CDV:2005); Deutsche Fassung prEN 62353:2005 Ausgabe: 2008-08

- DIN VDE 0701-0702; VDE 0701-0702: 2008-06 [5]

  Prüfung nach Instandsetzung, Änderung elektrischer Geräte Wiederholungsprüfung elektrischer Geräte – Allgemeine Anforderungen für die elektrische Sicherheit Ausgabe: 2008-06, Norm

- DIN VDE 0100-710; 2004-06 [6]

  Errichten von Niederspannungsanlagen - Anforderungen für
  Betriebsstätten, Räume und Anlagen besonderer Art - Teil
  710: Medizinisch genutzte Bereiche (IEC 60364-7-710:2002,
  modifiziert) Ausgabe: 2004-06, Norm-Entwurf

- BGV A3 [7]

  Unfallverhütungsvorschrift
  Elektrische Anlagen und Betriebsmittel
  Ausgabe: 2005-01
  Durchführungsanweisungen
  Elektrische Anlagen und Betriebsmittel
  Ausgabe: 2005-01.

Die Auflistung der wesentlichen (grundlegenden) Gesetzestexte bzw.
Vorlagen und Normen stellt nicht den Anspruch auf Vollständigkeit. Sie stellt
jedoch die minimale Grundlektüre zur Konzepterstellung einer Vorlesung zur
„Sicherheit in der Medizintechnik" dar.

Aufgaben eines Medizintechnikers

Zu Beginn der Vorlesung soll den Studierenden das Berufsfeld eines
Medizintechnikers dargestellt und verdeutlicht werden. Es werden im
Wesentlichen drei Berufsfelder vorgestellt und mit praktischen Beispielen
unterlegt:

- Der Medizintechniker in der Entwicklung
- Der Medizintechniker im Vertrieb
- Der Medizintechniker im Service.

Der Medizintechniker in der Entwicklung von medizintechnischen Apparaten wird seinen Studienschwerpunkt auf den konstruktiven Teil auslegen. Hier werden Vorlesungsvorschläge unterbreitet und zusätzliche wichtige Wahlpflichtfächer angeboten.

Der Medizintechniker im Vertrieb von medizintechnischen Apparaten wird seinen Studienschwerpunkt auf den kaufmännischen Teil verlegen. Hier sollte der Student fachbereichsübergreifende Vorlesungen mit betriebswirtschaftlichen Inhalten belegen.

Beim Medizintechniker im Service von und mit medizintechnischen Apparaten, werden bei der beruflichen Ausrichtung die sicherheitstechnischen Aspekte von besonderer Bedeutung sein.

Der Servicetechniker muss mit der elektrischen und mechanischen Sicherheit von medizintechnischen Geräten besonders gut vertraut sein. Ein wesentliches Ziel einer Vorlesung „Sicherheit in der Medizintechnik" sollte es auch sein, die Studierenden von Beginn an auf ihre individuellen Vorlieben und Kenntnisse (Entwicklung, Vertrieb, Service) anzusprechen, und Hilfestellung bei der Findung des richtigen Berufsfeldes zu leisten.

Mechanische Sicherheit

Die mechanische Sicherheit von medizintechnischen Apparaten sollte neben der elektrischen Sicherheit ca. ein Viertel der Vorlesung in Anspruch nehmen. Bei der mechanischen Sicherheit von medizintechnischen Geräten spielt die Werkstoffkunde und auch die Grundlagen der Konstruktionstechnik eine maßgebliche Rolle. Grundvoraussetzung sollte daher sein, dass die Studierenden diese Vorlesungen <u>vor</u> der Vorlesung „Sicherheit in der Medizintechnik" absolviert haben. Beim Thema der mechanischen Sicherheit sollten praktische Beispiele am Gerät mit in die Vorlesung einfließen.

Stichpunkte, die in einer Vorlesung erarbeitet werden sollten, sind unter anderem: Kunststoffalterung, Ermüdungsbrüche, Wahl des falschen/richtigen Fertigungsmaterials, Desinfektion von Werkstoffen und Anwendungsfehler.

Die elektrische Sicherheit an einem medizintechnischen Apparat bzw. an einer medizintechnischen Einrichtung sollte ca. drei Viertel der Vorlesung „Sicherheit in der Medizintechnik" in Anspruch nehmen. Dieser Teil der Vorlesung sollte elektrotechnische und physikalische Grundlagen bzw. deren Fachvorlesungen voraussetzen. Da die medizintechnischen Apparate zu 90 % Strom betrieben sind, ist eine zusätzliche Aufarbeitung der elektrotechnischen Grundlagen in einer Vorlesung „Sicherheit in der Medizintechnik" - zum besseren Verständnis der Vorgänge - zwingend erforderlich.

Strom, Spannung, Widerstand

Die vorlesungstechnische Aufbereitung dieser Begriffe ist die Grundvoraussetzung zum Verstehen der elektrischen Gefahrenquellen von medizintechnischen Geräten und deren Anwendung am menschlichen Körper.
Es sollte in der Vorlesung kurz auf die Entstehung bzw. Erzeugung des elektrischen Stromes eingegangen, der Unterschied zwischen Gleich- und Wechselstrom erfragt und an praktischen Beispielen dargestellt werden. Zum Beispiel wird ein medizintechnisches Gerät mit einer 230 V Wechselspannungsversorgung einem gleichspannungsbetriebenem Gerät gegenübergestellt.
Bei dem Begriff Spannung wird in Analogie verfahren. Wichtige Begriffe, die erarbeitet werden sollten sind: Wechselspannung, Gleichspannung, Wechselstrom, Gleichstrom, Frequenz, Periode, Effektivwert, Crestfaktor. Der Begriff Widerstand nimmt in der Sicherheit von medizintechnischen Apparaten einen besonderen Stellenwert ein. Es sollten in einer Vorlesung die Unterschiede zwischen rein ohmschen Widerständen und allgemeinen Impedanzen oder Scheinwiderständen dargestellt werden. Da sich der menschliche Körper nicht wie ein rein ohmscher Widerstand verhält, muss für die Betrachtung der elektrischen Sicherheit, im Umgang mit dem aktiven medizintechnischen Apparat, der Körper des Menschen an Hand seiner spezifischen Widerstandswerte erklärt und Parallelen bzw. Unterschiede zur

allgemeinen Elektrotechnik bzw. zu ohmschen-, kapazitiven- und induktiven-
Widerständen dargestellt werden.

Widerstände des menschlichen Körpers

Zur Erläuterung der Widerstandswerte des menschlichen Körpers sollte auf
die Ermittlung der Werte bzw. die Erstellung und Entstehung von
Widerstandstabellen eingegangen werden. Hilfreich sind hier die ersten
Versuche zur Ermittlung der Widerstandswerte an Tieren (Schweine, Hunde,
Schafe). Die Übertragung und Umrechnung dieser versuchstechnisch
ermittelten Werte auf den menschlichen Körper und dessen Besonderheiten
ist Vermittlungsziel. Stichpunkte zur Erarbeitung dieser Widerstandwerte und
zur Verdeutlichung der Besonderheit des Haut- bzw. Organwiderstands sind:
Aufbau des menschlichen Gewebes, Hautbeschaffenheit, Frequenz,
Übergangswiderstand, Einwirkzeit, Alter- und Konstitution des Menschen,
Elektrolyt.
Hilfreich zur Verdeutlichung eines Stromflusses durch den menschlichen
Körper bzw. Nachweis von spezifischen Körperimpedanzen, kann ein kleiner
Selbstversuch mit einer 9V-Blockbatterie und/oder einem Klingeltrafo sein.
Den Studierenden können so - mit einfachen Mitteln - die unterschiedlichen
typbedingten Übergangswiderstände am Menschen verdeutlicht werden.
Weiterhin kann mit diesen Mitteln (Spannungsquelle, Körperwiderstand und
Stromfluss) das Ohmsche Gesetzt wiederholt und am praktischen Beispiel
verdeutlicht werden.

Die Wirkung des Stroms auf den menschlichen Körper

Den Studierenden sollte in der Vorlesung verdeutlicht werden, welche
Gefahren vom elektrischen Strom (vom fehlerbehafteten medizintechnischen
Gerät) ausgehen können. Es soll insbesondere der Unterschied zwischen
der physikalischen und der physiologischen Wirkung des elektrischen Stroms
erarbeitet werden.

Physikalisch

- Wärmewirkung beim Stromdurchgang durch den Körper
- Auskochen von Gewebsflüssigkeit bei hoher Stromstärke
- Zerstörung von Eiweißen
- Strommarken am menschlichen Körper.

Physiologisch

- Einwirkung auf das Nervensystem
- Muskelverkrampfungen
- Störung des Reizleitungssystems.

Beispiele und Bilder der Berufsgenossenschaften (Strom-Unfälle) können die Unterschiede zwischen physikalisch und physiologisch verdeutlichen.

Elektrische Sicherungsmaßnahmen

Die elektrischen Sicherungsmaßnahmen dienen in der Elektrotechnik zur Begrenzung von ungewollten Überströmen (Ströme, die einen bestimmten vorgegebenen Grenzwert überschreiten). Den Studenten sollen in der Vorlesung „Sicherheit in der Medizintechnik" die wesentlichen elektrischen Sicherungsmaßnahmen bzw. Sicherungsmodule vorgestellt und erklärt werden. Die Grundlage dieser Sicherungsmaßnahmen, die Srombegrenzung, soll an Hand von Rechenbeispielen (Ohmsches Gesetz und unterschiedliche Haut-Übergangswiderstände) erarbeitet werden.
Folgende Sicherungsmaßnahmen bzw. Sicherungsmodule sollten besprochen und berechnet werden:

- Schmelzsicherungen
    Prinzip und unterschiedliche Typen
    (Nach dem Auslösen nicht wieder verwendbar)
- Sicherungsautomaten
    Prinzip und unterschiedliche Typen
    (Nach dem Auslösen wieder verwendbar)

-   Fehlerstromschutzschalter

    Prinzip und unterschiedliche Typen

    (Nach dem Auslösen wieder verwendbar)

-   Isolationsüberwachungsmodul

    Prinzip und unterschiedliche Typen

    (Nur Meldung keine Abschaltung).

Es hat sich gezeigt, dass zur Verdeutlichung der Sicherungsmaßnahmen, Schautafeln, mit unterschiedlichen Sicherungsmodulen, sehr hilfreich sind. Schautafeln können die Sicherungsmodule als passive Bauteile zeigen, oder mit Hilfsstromkreisen ausgestattet, eine Auslösung der Bauteile erlauben. Eine praktische Darstellung eines Summenwandlers bzw. einer Isolationsüberwachung unterstützt die Verdeutlichung des theoretischen Ansatzes.

Systeme der Stromversorgung (Netzformen)

Um die Besonderheiten der elektrischen Stromversorgung in medizinisch genutzten Bereichen zu verstehen, müssen die unterschiedlichen Stromversorgungssysteme angesprochen und ihre Unterschiede herausgearbeitet werden. Die DIN VDE 0100-300 [8] gibt im Wesentlichen drei Arten der Versorgungssysteme und dessen Bezeichnungen vor:

-   Das TN- System
-   Das TT- System
-   Das IT- System.

In der Vorlesung sollten die charakteristischen Merkmale dieser Systeme an Hand der aktiven Leiterzahl(en) und der entsprechenden typbedingten Erdverbindung(en) dargestellt werden. Die Erklärung der Buchstabenfolge zur Kennzeichnung eines Netzes sollte unterstützt durch Netzformen-Bilder (siehe DIN VDE 0100-300) erarbeitet werden.

Erster Buchstabe, Beziehung des Versorgungssystems zur Erde:

    - T = direkte Verbindung eines Punktes zu Erde

    - I = entweder sind alle aktiven Teile von Erde getrennt oder ein

       Punkt über große Impedanzen mit Erde verbunden.

Zweiter Buchstabe, Beziehung der Körper der elektrischen Anlage zu Erde:

    - T = direkte elektrische Verbindung der Körper zu Erde

    - N = direkte elektrische Verbindung der Körper mit dem geerdetem

       Punkt des Versorgungssystems (Sternpunkt).

Elektrische Schutzklassen

Elektrische Betriebsmittel werden in unterschiedliche Schutzklassen unterteilt. Die Unterteilung dieser Betriebsmittel erfolgt nach der Schutzmaßnahme „Schutz des Menschen vor ungewollten Fehlerströmen".

Die Europanorm EN 61140 [9] beschreibt unterschiedliche Schutzmaßnahmen, unter anderem auch die vier Schutzklassen für elektrisch betriebene Betriebsmittel. Die Schutzklassen:

- Schutzklasse 0

  Es besteht neben einer Grundisolierung kein besonderer Schutz gegen einen Stromschlag. Der Anschluss an ein Schutzleitersystem ist nicht vorgesehen.

- Schutzklasse 1

  Alle elektrisch Leitfähigen Teile sind mit einem Schutzleitersystem verbunden, welches sich auf Erdpotenzial befindet.

- Schutzklasse 2

  Bei der Schutzklasse 2 besteht eine verstärkte oder doppelte Isolierung zwischen dem Netzstromkreis und der Ausgangsspannung. Es besteht kein Anschluss an ein Schutzleitersystem.

- Schutzklasse 3

  Betriebsmittel dieser Schutzklasse arbeiten mit Schutzkleinspannung, das heißt 50V Wechselspannung oder 120V Gleichspannung.

Ziel der Vorlesung „Sicherheit in der Medizintechnik" muss es auch sein,
dass die Studierenden   elektrisch betriebene Betriebsmittel in die
zugehörigen Schutzklassen einordnen, und somit eventuelle weitere
Schutzmaßnahmen ermitteln und bestimmen können. Die zugehörigen
Symbole der Schutzklassen, sind der IEC 60417 [10] zu entnehmen.

Einteilung von medizinisch genutzten Räumen

Die Einteilung von medizinisch genutzten Räumen oder Bereichen in
Raumgruppen wird in der DIN VDE 0100-710 [11] geregelt. Die Einteilung
der Räume erfolgt auf Grund der (elektrischen) Sicherheit für den Menschen
und im Speziellen für den Patienten. Die Räume oder Bereiche werden in die
Gruppen 0 bis 2 eingeteilt, wobei die Raumgruppe 0 die höchste (elektrische)
Sicherheit für den Patienten darstellt.
Ein angehender Medizintechniker muss sich mit der Raumeinteilung
befassen, weil auf Grund der Raumzuordnung auch elektrische Sicherheits-
maßnahmen bzw. Installationen ausgelegt und realisiert werden. Ein Ziel soll
es sein, die Studierenden für die besondere Problematik der elektrischen
Sicherheit in medizintechnischen Gebäuden und Räumen zu sensibilisieren.
Anhand von Raumbeispielen soll den Studenten die Einteilung erklärt und
erleichtert werden. Beispiele von Raumgruppen:

- Raumgruppe 0
  Wartezimmer, Patientenannahme, Sprechzimmer, Verbandszimmer.
- Raumgruppe 1
  Aufwachräume, Endoskopieräume, EKG-Räume, Entbindungsräume,
  Radiologische Diagnostik.
- Raumgruppe 2
  Operationsräume, Intensivstationen, Herzkatheterräume.

Ströme und Ableitströme in der Medizintechnik

Aus Erfahrung fällt es den Studenten schwer, die Vielzahl von unterschiedlichen Strömen - speziell in der Medizintechnik - auseinanderzuhalten und zuzuordnen. Als Grundvoraussetzung sollten jedoch nachfolgende Ströme und Stromtypen in einer Vorlesung „Sicherheit in der Medizintechnik" besprochen und an praktischen Beispielen verdeutlicht werden.

Wichtige Ströme und ihre Erläuterungen für den medizintechnischen Bereich nach DIN EN 62353 [12]:

- Erdableitstrom
  Strom, der vom Netzteil des Betriebsmittels durch oder über die Isolierung in den Schutzleiter fließt.
- Geräteableitstrom
  Strom, der von Netzteilen über den Schutzleiter oder über berührbare leitfähige Teile des Gehäuses und der Anwendungsteile zur Erde fließt.
- Patientenableitstrom
  Strom, der von den Patientenanschlüssen über den Patienten zur Erde fließt.

Zusätzlich sind zwei wichtige, für die Sicherheit in der Medizintechnik zwingend erforderliche, Widerstände bzw. Widerstandswerte zu erwähnen:

- Schutzleiterwiderstand
  Widerstand zwischen den leitfähigen Teilen eines Betriebsmittels, die mit einem Schutzleiter und dem Schutzkontakt des Netzsteckers verbunden sind. Er sollte gegen null Ohm streben.

- Isolationswiderstand
  Der Durchgangswiderstand einer Isolierung, der mit einer definierten Gleichspannung bestimmt bzw. gemessen wird. Er sollte gegen unendlich Ohm streben.

Die vorab genannten Ströme und Widerstände sollen in einer Vorlesung das Grundgerüst für Fehlerströme bzw. Ströme an medizintechnischen Geräten bilden. Sie stellen nicht alle vorkommenden Ströme in der Medizintechnik dar. Dennoch können von diesen Grundströmen bzw. Fehlerströmen alle maßgeblichen zusätzlichen Ströme abgeleitet werden. Die Erfahrung zeigt, dass Studenten der Medizintechnik, wenn sie die Basisströme erfasst und verstanden haben, relativ leicht Ableitungen zu weiteren Strömen herleiten können.

Elektrische Sicherheitsmessungen

Bei den elektrischen Sicherheitsmessungen werden, mit speziellen für die Medizintechnik ausgelegten Messmitteln, die oben genannten Ströme und Widerstände gemessen. Nachdem die Ströme und Widerstände in der Vorlesung theoretisch besprochen wurden, sollten sie an praktischen Beispielen, also am medizintechnischen Apparat, gemessen werden. Eine Verdeutlichung der Mess-Theorie ist in Laborversuchen anzustreben.
Ziel dieser praktischen Versuche soll es sein, den Studierenden den Umgang mit unterschiedlichen Messgeräten zu vermitteln und Ihnen die Scheu vor Messgeräten und deren Anwendungen zu nehmen.
Sinnvoll ist es, die Messschaltungen der DIN EN 60601-1-2 und der DIN EN 62353 in Laborversuchen nachzuvollziehen.

Sicherheitstechnische Kontrolle

Nachdem die Studierenden die theoretischen Grundlagen der Besonderheiten der Sicherheit in der Medizintechnik kennengelernt haben, sollen sie in der Lage sein, eine sicherheitstechnische Kontrolle nach § 6 der Medizinprodukte- Betreiberverordnung (MPBetreibV) durchzuführen. Es soll ihnen vermittelt werden, dass die Sicherheitstechnische Kontrolle (STK) folgende wesentlichen Gliederungen bzw. Prüfpunkte beinhaltet:

- Bezeichnung des medizintechnischen Gerätes

  Art, Typ, Gerätenummer, Gerätehersteller.

- Sichtprüfung des medizintechnischen Gerätes

  Bei der Sichtprüfung werden das Gehäuse, dessen Anbauteile und alle Bedienelemente auf sichtbare Beschädigungen geprüft.

- Funktionsprüfung

  Bei der Funktionsprüfung werden alle relevanten typbedingten Ausgangsparameter vom medizintechnischen Gerät geprüft.

- Elektrische Sicherheitsmessung

  Bei der elektrischen Sicherheitsmessung werden die auf Seite 12 erwähnten Parameter gemessen und deren Istwerte mit den in Normen vorgeschriebenen Sollwerten verglichen.

Nach der Sicherheitstechnischen Kontrolle (STK) soll der Student, der angehende Medizintechniker, in der Lage sein, eine Einschätzung oder Bewertung zur Sicherheit des geprüften medizintechnischen Gerätes abzugeben. Das Prüfergebnis quittiert der Prüfer mit dem Datum der Prüfung und seiner Unterschrift.

Diese Konzepterstellung wurde auf Grund jahrelanger Erfahrungen des Autors im Vorlesungsbereich, und im Speziellen in medizintechnischen Spezialgebieten, erstellt. Dieses Konzept stellt ein fokussiertes Grundgerüst zur Ausbildung von Medizintechnikstudierenden dar. Es erhebt nicht den Anspruch auf Vollständigkeit. Bei dieser Konzepterstellung wurde darauf geachtet, die wesentlichen Grundlagen vorzustellen. Anhand dieser Grundlagen können individuelle Vorlesungen erstellt und auf angrenzende Vorlesungsgebiete erweitert werden.

Die Erfahrung zeigt, dass die Vermittlung der theoretischen Vorlesungsinhalte, besonders bei der Sicherheit in der Medizintechnik, durch laborbegleitende Versuche am medizintechnischen Apparat erheblich erleichtert wird.

Eine Vorlesungsvorbereitung für das Fach „Sicherheit in der Medizintechnik", ist ohne die Einplanung von laborbegleitenden praktischen Versuchen nicht zu empfehlen.

Diese Vorlesungskonzepterstellung soll als „roter Faden" zur Ausarbeitung von individuellen Vorlesungen im Bereich der Medizintechnik verstanden werden.

In dieser Konzepterstellung wurde aus Gründen der besseren Lesbarkeit manchmal nur die männliche Form eines Begriffs benutzt. Selbstverständlich beziehen sich diese Begriffe sowohl auf weibliche, wie auch auf männliche Personen. Dies impliziert keinesfalls eine Benachteiligung des jeweils anderen Geschlechts.

Literaturverzeichnis

[1]   *Gesetz über Medizinprodukte (Medizinproduktegesetz-MPG)*
       Medizinproduktegesetz in der Fassung der Bekanntmachung vom 7.
       August 2002 (BGBl. I S. 3146), zuletzt geändert durch Artikel 13 des
       Gesetzes vom 08. November 2011 (BGBl. I S.1066)

[2]   *Verordnung über das Errichten, Betreiben und Anwenden von*
       Medizinprodukten (Medizinprodukte-Betreiberverordnung-MPBetreibV)
       in der Fassung der Bekanntmachung vom 21. August 2002 (BGBl. I
       S: 3396), geändert durch Artikel 4 der Verordnung vom 29. Juli 2009
       (BGBl. I S. 2407)

[3]   *DIN EN 60601-1-2; VDE 0750-1-2: Berichtigt 1:2010-05*
       Medizinische elektrische Geräte - Teil 1-2: Allgemeine Festlegungen
       für die Sicherheit einschließlich der wesentlichen Leistungsmerkmale
       - Ergänzungsnorm: Elektromagnetische Verträglichkeit - Anforderungen
       und Prüfungen (IEC 60601-1-2:2007, modifiziert); DIN Deutsches
       Institut für Normung e.V. und VDE Verband der Elektrotechnik
       Elektronik Informationstechnik e.V. Berlin

[4]   *DIN EN 62353; VDE 0751-1: 2012-07*
       Medizinische elektrische Geräte - Wiederholungsprüfung und Prüfung
       nach der Instandsetzung von medizinischen elektrischen Geräten (IE
       62A/504/CDV:2005); DIN Deutsches Institut für Normung e.V. und
       VDE Verband der Elektrotechnik Elektronik Informationstechnik e.V.
       Berlin

[5]   *DIN VDE 0701-0702; VDE 0701-0702: 2008-06*
       Prüfung nach Instandsetzung, Änderung elektrischer Geräte - Wieder-
       holungsprüfung elektrischer Geräte - Allgemeine Anforderungen für
       die elektrische Sicherheit. DIN Deutsches Institut für Normung e.V.
       und VDE Verband der Elektrotechnik Elektronik Informationstechnik
       e.V. Berlin

[6]   *DIN VDE 0100-710; 2012-10*

Errichten von Niederspannungsanlagen - Anforderungen für Betriebsstätten, Räume und Anlagen besonderer Art - Teil 710: Medizinisch
genutzte Bereiche (IEC 60364-7-710:2002, modifiziert). DIN Deutsches
Institut für Normung e.V. und VDE Verband der Elektrotechnik
Elektronik Informationstechnik e.V. Berlin

[7]   *BGV A3 Berufsgenossenschaftliche Vorschriften*

Unfallverhütungsvorschrift / Durchführungsanweisungen
Elektrische Anlagen und Betriebsmittel
Ausgabe: 2005-01; HVBG Hauptverband der gewerblichen Berufsgenossenschaften in Kooperation mit dem Carl Heymanns Verlag
2005

[8]   *DIN VDE 0100-300; 1996-01*

Errichten von Starkstromanlagen mit Nennspannungen bis 1000V, Teil
3: Bestimmungen allgemeiner Merkmale (IEC 364-3:1993, modifiziert).
DIN Deutsches Institut für Normung e.V. und VDE Verband der
Elektrotechnik Elektronik Informationstechnik e.V. Berlin

[9]   *DIN EN 61140 (VDE 0140-1); 2007-03*

Schutz gegen elektrischen Schlag- Gemeinsame Anforderungen für
Anlagen und Betriebsmittel (IEC 61140:2001+A1:2004, modifiziert).
DIN Deutsches Institut für Normung e.V. und VDE Verband der
Elektrotechnik Elektronik Informationstechnik e.V. Berlin

[10]   *IEC 60417:1973 + IEC 417A:1974 bis IEC 417M:1994*

Grafische Symbole für Einrichtungen (Bildzeichen).
International Electrotechnical Commission, Genf.
Beuth Verlag GmbH

[11]   *DIN VDE 0100-710; 2012-10*

Errichten von Niederspannungsanlagen, Anforderungen für Betriebsstätten, Räume und Anlagen besonderer Art; Teil 710: Medizinisch genutzte Bereiche. DIN Deutsches Institut für Normung e.V. und VDE Verband der Elektrotechnik Elektronik Informationstechnik e.V. Berlin

[12]   *DIN EN 62353 (VDE 0751-1); 2012-07*

Medizinische elektrische Geräte - Wiederholungsprüfungen und Prüfungen nach Instandsetzung von medizinischen elektrischen Geräten (IEC 62353:2007). DIN Deutsches Institut für Normung e.V. und VDE Verband der Elektrotechnik Elektronik Informationstechnik e.V. Berlin